10kV三芯交联电缆施工

工艺图册

本书编委会 编

中国电力出版社
CHINA ELECTRIC POWER PRESS

图书在版编目（CIP）数据

10kV 三芯交联电缆施工工艺图册 /《10kV 三芯交联电缆施工工艺图册》编委会编. —北京：中国电力出版社，2016.5

ISBN 978-7-5123-9214-4

Ⅰ. ① 1… Ⅱ. ① 1… Ⅲ. ①交联 – 电力电缆 – 工程施工 – 图集 Ⅳ. ① TM757-64

中国版本图书馆 CIP 数据核字（2016）第 078113 号

中国电力出版社出版、发行　　　　　北京盛通印刷股份有限公司印刷　　　　各地新华书店经售
（北京市东城区北京站西街 19 号　100005　http://www.cepp.sgcc.com.cn）
2016 年 5 月第一版　　　　　　　　　2016 年 5 月北京第一次印刷　　　　印数 0001—3000 册
787 毫米 ×1092 毫米　　32 开本　2.5 印张　　　45 千字　　　　　　　定价 26.00 元（含 1DVD）

内 容 提 要

　　本图册采用图文并茂的方式介绍了10kV三芯交联电缆安装的施工工艺流程和操作要求及质量控制措施，并说明了操作所需的工器具等材料的使用方法。本图册分为10kV三芯交联电缆预制式中间接头安装施工工艺和10kV三芯交联电缆预制式终端安装施工工艺两部分。

　　10kV三芯交联电缆预制式中间接头安装施工包含准备工作，电缆中间接头定位，剥除外护套、铠装及内护套，电缆绝缘预处理，压接连接管，安装接头预制件，恢复屏蔽层，接头密封加固和扫尾工作九大步骤。10kV三芯交联电缆预制式终端安装施工包含准备工作，电缆终端定位，剥除外护套、铠装及内护套，接地线及分支手套安装，延长管安装，剥除铜屏蔽及外屏蔽层，剥出线芯导体，绝缘表面打磨处理及质量检查，压接接线端子，冷缩终端安装和扫尾工作十一大步骤。

　　通过扫描嵌入本图册的二维码，就可以观看相应的视频，并附有配套操作演示光盘，与文字部分一一对应。

　　本图册可作为10kV三芯交联电缆施工操作人员的培训用书，也可以作为从事10kV三芯交联电缆相关工作人员的学习用书。

  这是一套由浙江省劳模叶蒉为代表的电缆施工一线员工自己编写的书,也是一套写给电缆施工一线员工看的书。

  推广电力电缆操作流程、工艺标准和技术要领,是以标准化提升电网建设水平的重要手段,也是持续推进技术革新、提高电网安全水平的有效抓手。国网浙江省电力公司委托国网宁波供电公司,充分结合实际,组织全国示范性劳模创新工作室——叶蒉劳模工作室的成员,不断提炼、总结,历时两年,编制完成了这套丛书,共分四册,分别是《110kV及以上交联电缆施工工艺图册》《110kV及以上交联电缆中间接头安装工艺图册》《110kV及以上交联电缆终端安装工艺图册》《10kV三芯交联电缆施工工艺图册》。

  本套书主要体现以下特点:

  一是源于现场,服务于现场。通篇均由长期从事电力电缆一线工作的员工凭借自己的经验汇编而成，同时作为叶薏劳模工作室的管理创新成果之一用于指导现场培训。

二是与时俱进，编写方式丰富。除了用图文方式介绍电力电缆的操作流程、工艺标准和注意事项，同时也录制了相关教学视频，言传身教，简明易学。此外，本套书利用多媒体信息化技术，通过二维码扫描，实现图文、视频教程的线下学习。

三是注重实效，学以致用。新员工通过本套书的学习，只要领会要领，就可基本掌握电缆施工工艺。老员工也可由此温故而知新，触类旁通，取得新进步。

最后，向这套书的出版表示诚挚的祝贺，向付出辛勤劳动的编写人员表示衷心的感谢。

2016年5月

前　言

　　随着我国城市现代化的发展，目前10kV配电网交联电缆大量应用。由于电缆附件安装工作的特殊性主要体现在其隐蔽性强，完成后缺陷不易发现，并且事故抢修的成本高，周期长，这就需要依靠具有高技术水平的电缆工作人员来进行施工、维护。目前电缆工培训工作主要以实训为主，由于电缆附件价格较高，从而增加了培训成本，使得培训工作无法长期开展，本教材作为电缆附件安装培训工作的另一形式，给予补充。

　　本教材将10kV交联电缆中间接头、终端安装过程制作成教学视频及图册，将安装过程流程化，并将安装工艺要求体现其中，让学员通过自学对电缆附件安装过程有深入的了解，掌握操作流程、工艺要求并结合日常基本功训练，从而提高学员技术水平，达到既控制培训成本又提高培训效果的目的。

　　本教材在编写过程中得到了国网宁波供电公司培训分中心、国网浙江省电力公司宁波供电公司运维检修部大力支持，为本教材提供内容指导、审核把控等方面的大力帮助，在此一并表示衷心感谢。

由于编者水平有限，书中难免存在错误和疏漏之处，敬请广大读者批评指正。

编　者

2016年5月

目　录

序

前言

第一部分　10kV三芯交联电缆预制式中间接头安装施工工艺

第二部分　10kV三芯交联电缆预制式终端安装施工工艺

第一部分

10kV三芯交联电缆

预制式中间接头安装施工工艺

一、施工工艺流程

适用范围：

　　该工艺适用于10kV三芯交联电缆预制式中间接头施工，这里以10kV三芯交联电缆冷缩型预制式中间接头安装为例，其施工工艺流程图如下。

二、操作要求及质量控制要点

（一）准备工作

1. 安全注意事项

（1）安装前应确认该电缆无电压，并已充分放电、接地。

（2）电动工具使用前，进行外观检查和绝缘电阻测试，合格后方可使用。

（3）发电机等电动机具外壳应接地可靠。

（4）使用刀具、电动锯时应防止人员受伤。

2. 安装现场环境控制

（1）灰尘。

（2）潮气、水滴。

（3）相对湿度小于70%。

（4）安装温度5～30℃。

（5）橡胶件储存温度0～35℃。

3. 安装前应具备的条件

（1）电缆主绝缘经测试合格，回路正确，并做好记录。

（2）电缆线芯干燥无进水。

（3）编写作业指导书和施工方案，并对安装人员进行技术和安全交底，安装人员经过培训并掌握安装工艺要求。

（4）检查核对接头各部件的数量、规格是否与安装要求相符。

（5）对于冷缩型预制式中间接头，安装前应仔细核对其保质期，严禁超期使用。

4. 主要工器具

◎ 电动锯

◎ 手锯

◎ 手动压钳

◎ 热风枪

◎ 木楔子

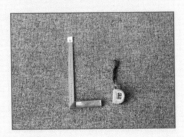

◎ 量具

5. 主要部件

◎ 冷缩绝缘接头

◎ 装甲带

◎ 铜编织带及铜网

◎ 恒力弹簧及扎丝

◎ 硅脂

◎ 连接管

（二）电缆中间接头定位

◎ 用棉纱将电缆接头部位擦拭干净。

◎ 电缆校直。

◎ 按要求确定电缆接头长、短端的位置，根据绝缘中间接头在接头井内的摆放位置确定接头对接中心线。

◎ 除留200mm重叠外，将多余电缆切除，电缆断面要求平直。

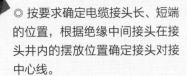

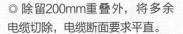

（三）剥除外护套、铠装及内护套

（1）剥除外护套。

◎ 根据图纸对长、短端处理的要求，以对接中心线为基准量取外护套的环切点。

◎ 剥除外护套时，自环切点向电缆端部划开。

保留端部外护套

◎ 在端部保留一定长度的外护套，这样可以防止外护套剥除后，钢带铠装散开。根据图纸要求，确定钢带铠装保留的长度。

（2）剥除铠装层。

◎ 用扎丝或恒力弹簧绑扎牢固，选择扎丝时不可太细，绑扎时容易断掉。

◎ 贴着扎丝或恒力弹簧的边缘用手锯环切钢带铠装。

注意事项:

　　环切时，应严格控制切口深度，严禁切透伤及内衬层，特别要注意第二层铠装环切操作。

◎ 用钢丝钳将钢带铠装沿着绑扎边缘撕开。

注意事项:

　　钢带铠装撕开后，其边缘比较锋利，小心伤到手和内部绝缘。

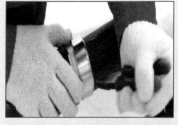

◎ 去除后，对钢带铠装边缘稍作整理，其尖端必须钝化处理。

（3）剥除内护套。

◎ 量取内护套的保留长度。因内护套里面就是电缆铜屏蔽和绝缘层，在环切内护套的过程中应控制好切入的深度，防止切透铜屏蔽后伤到绝缘层。

注意事项:

　　用刀具划开内护套时,应从电缆端部开始,挑开端部的内护套,用手指提起后,刀具斜着贴着里层材料切入,并且控制好切入深度。

◎ 如果用刀具直接划开内护套很有可能伤到里层材料。

（4）去除填充物。

◎ 用PVC带将铜屏蔽带的端口临时包好，防止其散开。

◎ 将填充物清理干净，取下的填充物备用。

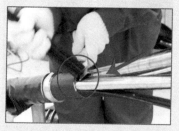

◎ 在割除填充物时，刀口不可向着电缆绝缘，防止不小心将绝缘层划伤。

（5）两侧电缆对接比对。

◎ 将对接电缆三相线芯按安装要求分开，作对接比对。

◎ 确定各相线芯的最终保留长度，将多余的电缆线芯切除切面要求平直。

注意事项：

作比对时，应将对接的两侧电缆三相线芯进行核相确认并做好相色标记，两侧电缆对接的相位应一致，接头安装时三相电缆线芯尽可能不交叉。

（四）电缆绝缘预处理

1. 剥除铜屏蔽层

◎ 根据图纸要求，自线芯端部向下量取铜屏蔽剥除长度，并用PVC带绑扎，防止铜屏蔽断口剥离后散开。

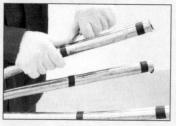

◎ 在铜屏蔽叠交处，用美工刀划出一小断口，而后将其贴着PVC胶带边缘剥除。

◎ 轻轻地敲打铜屏蔽边缘，使其边缘平整。

2. 剥除外屏蔽

◎ 外屏蔽为可剥离型。根据图纸要求量取外屏蔽层的剥离长度，并做上标记。

◎ 先用美工刀沿标记的边缘轻轻地环切一刀，再在剥除部位的外屏蔽表面纵向划上三刀，使外屏蔽三等均分。

注意事项:

操作人员应事先经过专项培训，只有经过多次练习才能掌握好刀片的入刀深度，防止刀痕过深损伤电缆绝缘。

◎ 用钢丝钳先将线芯端部的外屏蔽剥开，再沿纵向的刀痕向外屏蔽断口处撕开。

◎ 在外屏蔽断口处应沿环切刀痕横向撕开。

注意事项：

　　断口处，外屏蔽应横向慢慢撕开，防止过头，引起断口处外屏蔽脱开。

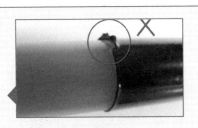

注意事项：

　　检查绝缘表面，残留在绝缘表面的半导电粒子用玻璃刮除，并将外屏蔽断口倒角处理，长度2~5mm。

注意事项：

　　如外屏蔽为不可剥离型时，应用玻璃片将外屏蔽刮除，断口处刮一斜坡，断口要整齐。

3. 剥出线芯导体

倒角处理

◎ 量取连接管的长度，按图纸要求剥出线芯导体，并将绝缘部分做45° 倒角。

倒角处理

◎ 用砂带打磨导体表面，防止有内屏蔽粒子残留，并倒角。

注意事项：

导体打磨时，电缆绝缘部位应用保鲜膜密封，打磨后电缆绝缘部位应作彻底清洁防止铜末残留。

◎ 导体清洁后，用PVC带将导体端头临时包好，以免伤及人身及配件。

4. 打磨外屏蔽断口及绝缘表面

◎ 打磨顺序：先外屏蔽断口，再绝缘表面。

◎ 打磨外屏蔽断口前，绝缘表面应用PVC带保护，防止半导电粒子吸附到绝缘表面，用不小于320号砂带抛光打磨，使外屏蔽断口平滑过渡。

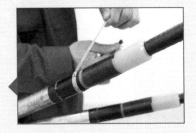

◎ 绝缘表面打磨前应用清洁剂，清洁电缆绝缘部位。

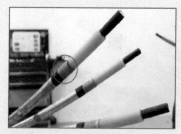

◎ 打磨电缆绝缘表面前，应用PVC带包裹电缆外屏蔽层，防止打磨时半导电材料带到绝缘表面上。

◎ 如果绝缘表面的刀痕和刮痕不明显时，可用320号砂带直接打磨抛光。否则应先用240号砂带打磨至绝缘表面的刀痕和刮痕完全消失后再用不小于320号砂带打磨抛光。

注意事项：

（1）打磨过外屏蔽的砂纸不得在绝缘表面上使用。

（2）打磨时，不能打磨一边，应多方向均匀打磨，防止电缆绝缘偏心。

（3）电缆的绝缘外径应满足安装要求。

5. 检查绝缘表面

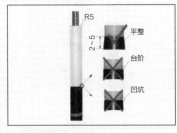

◎ 绝缘表面打磨完成后，绝缘表面无杂质，光滑程度满足安装要求，轴向平滑过渡，并且要求没有凸起，梯状和凹陷，各个部位的剥切长度符合图纸要求。

◎ 电缆剥切示意图

注意事项：

　　清洁时只允许从绝缘端向外屏蔽层，不得反复擦拭，以免将半导电粒子带到绝缘表面上。

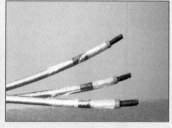

◎ 绝缘表面清洁后用热风枪干燥，并用保鲜膜密封备用。

（五）压接连接管

◎ 压接前，根据要求将接头预制件及铜网分别套入长、短端侧的三相线芯上。

注意事项：

　　长端侧套入接头预制件前应将电缆套入部位作彻底清洁，防止杂质带入接头预制件内。

◎ 用漆笔在短端侧外屏蔽上做好接头预制件安装定位标记。

◎ 按连接管1/2长度分别在两侧电缆的导体上做上限位标记，以便在后续压接时确认导体插入到位情况。

◎ 将两侧电缆同相线芯插入连接管，检查导体上的限位标记，确认两侧导体已插入到位。

◎ 压接顺序

◎ 对三相电缆线芯分别进行压接。

注意事项：

（1）连接管压接时，无特殊要求，由中间交替向两侧压接，压接次数根据图纸要求。

（2）压接前，检查手动压钳的工作情况及压模的型号，压接时只能单人操作，如多人按压会造成压钳损坏。

（3）压接后，连接管表面应光滑无毛刺、缝裂，如需打磨时，应将两侧电缆绝缘密封，防止铜末吸附，完成后应将连接管擦拭干净。

（六）安装接头预制件

◎ 安装前，量取电缆两侧外屏蔽层断口之间的尺寸，要在安装要求范围内。用清洁剂将电缆绝缘本体擦拭干净，并用热风枪干燥。

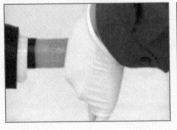
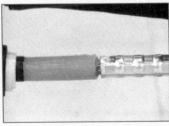

◎ 在绝缘层表面均匀涂抹一层硅脂，外屏蔽层上不得涂抹。

◎ 将接头预制件移至先前做好的定位标记处，沿逆时针方向抽掉衬管条，使接头预制件收缩定位。

◎ 接头预制件安装时应定位准确，收缩完成后应稍作放置使预制件充分回缩。

◎ 用清洁纸抹净挤出的硅油。

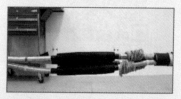

◎ 接头预制件两侧外屏蔽搭接长度应基本一致。

注意事项：

（1）衬管条抽出时，不应用力过猛，以免拉断衬管条。

（2）定位后，接头预制件两端所搭接的外屏蔽尺寸应基本一致。

（七）恢复屏蔽层

◎ 打磨铜屏蔽

展开铜网至接头预制件两侧铜屏蔽上，将与铜网两端搭接处的铜屏蔽用细砂纸砂光，去除其表面氧化层。

◎ 拉伸铜网

◎ 然后用恒力弹簧将铜编织带紧扎在铜网及三相铜屏蔽两端，并用PVC带将恒力弹簧覆盖紧固。

◎ 将先前剥除的电缆填充物填至三相电缆凹陷处，用PVC带加以固定。

◎ 里层绝缘恢复

◎ 里层防水恢复

用绝缘胶带由电缆一端内护套端口向另一端口拉伸半重叠地绕包紧扎，然后用防水胶带绕包两层将其覆盖。

注意事项：

绕包前应将两侧内护套端口一圈打毛，保证其密封质量，连接两端铠装层。

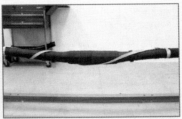

提示：

　　各个厂家的对屏蔽层恢复的方式有所不同，但其基本要求是一致的，如搭接位置的铜屏蔽和钢带铠装必须砂光。

◎ 用砂带砂光与铜编织带搭接的铠装部位，用恒力弹簧将铜编织带紧扎在铠装两端，用PVC带将恒力弹簧覆盖紧固。

（八）接头密封加固

◎ 包防水胶带前应将两侧外护套口一圈用砂带打毛，保证其密封质量。

◎ 先将电缆两端各搭接80mm外护套，用防水胶带拉伸半重叠缠绕防水胶带两层。

◎ 再用装甲带密封加固，从一端搭接外护套100mm半重叠绕包至另一端搭接外护套100mm，然后回缠，直至将配套的装甲带用完。

注意事项：

（1）包装打开后的装甲带必须在15s内开始使用，否则将迅速硬化。

（2）装甲带绕包完成后，必须将其静置30min以上，方能移动电缆。

（九）扫尾工作

（1）安装标识牌。

（2）安装质量验收，整理安装记录单。

（3）工器具整理并打扫现场。

第二部分

10kV三芯交联电缆

预制式终端安装施工工艺

一、施工工艺流程

适用范围：

该工艺适用于10kV三芯交联电缆预制式终端安装施工。这里以10kV三芯交联电缆冷缩型预制式终端安装为例，其施工工艺流程图如下。

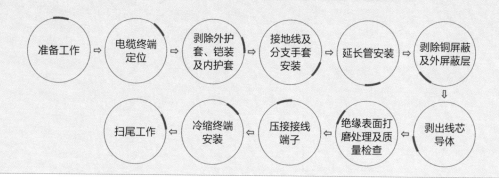

二、操作要求及质量控制要点

（一）准备工作

1. 安全注意事项

（1）安装前应确认该电缆无电压，并已充分放电、接地。

（2）电动工具使用前，进行外观检查和绝缘电阻测试，合格后方可使用。

（3）发电机等电动机具外壳应接地可靠。

（4）使用刀具、电动锯时应防止人员受伤。

2. 安装现场环境控制

（1）灰尘。

（2）潮气、水滴。

（3）相对湿度小于70%。

（4）安装温度5～30℃。

（5）橡胶件储存温度0～35℃。

3. 安装前应具备的条件

（1）电缆线芯无进水、受潮，主绝缘测试合格，回路正确，并做好记录。

（2）通过测试电缆铜屏蔽与钢带铠装之间的绝缘电阻，检查电缆内护套是否完好。

（3）编写作业指导书和施工方案，并对安装人员进行技术和安全交底，安装人员经过培训并掌握安装工艺要求。

（4）检查核对终端各部件的数量、规格是否与安装要求相符。

（5）冷缩型预制式终端安装前，应仔细核对其保质期，严禁超期使用。

4. 主要工器具

◎ 电动锯

◎ 手锯

◎ 手动压钳

◎ 热风枪

◎ 木楔子

◎ 量具

5. 主要材料

◎ 冷缩终端

◎ 分支手套

◎ 铜编织带及铜网

◎ 延长管

◎ 接线端子

◎ 硅脂

（二）电缆终端定位

◎ 根据现场终端安装的实际情况，结合安装图纸的要求，确定终端安装高度（中心点），并将多余电缆切除。

（三）剥除外护套、铠装及内护套

（1）剥除外护套。

◎ 以中心线为基准量取外护套的环切点。

◎ 剥除外护套时，自环切点向电缆端部划开。

（2）剥除铠装层。

端部保留

◎ 并在端部保留一定长度的外护套，这样可防止外护套剥除后，钢带铠装散开。

◎ 根据图纸要求，确定钢带铠装保留的长度。

◎ 用扎线或恒力弹簧绑扎牢固，选择扎线时不可太细，绑扎时容易断掉。

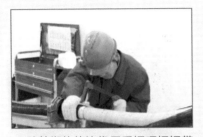

◎ 贴着绑扎的边缘用手锯环切钢带铠装。

注意事项：

　　手锯环切时，应严格控制切口深度，严禁切透伤及内衬层，特别要注意第二层铠装环切操作。

◎ 用螺丝刀挑开铠装断口后，用钢丝钳将钢带铠装沿着绑扎边缘撕下。

◎ 对钢带铠装边缘稍作整理，其尖端应做钝化处理。

注意事项：

　　钢带铠装撕开后，其边缘比较锋利，小心伤到手及内部绝缘。

（3）剥除内护套。

◎ 量取内护套的保留长度。

◎ 因内护套里面就是电缆铜屏蔽和绝缘层，在环切内护套的过程中应控制好切入的深度，防止切透后伤及铜屏蔽和绝缘层。

注意事项：

　　用刀具划开内护套时，应从电缆端部开始，挑开端部内护套，用手指提起后，刀具斜着贴着里层材料切入，并且控制好切入深度。如果用刀直接划开内护套很有可能伤到里层材料。

（4）去除填充物。

◎ 用PVC带将铜屏蔽端部临时包扎，防止其散开。

◎ 将填充物清理干净。

在割除填充物时，刀口不可向着电缆绝缘，防止不小心将铜屏蔽和绝缘层划伤。

（四）接地线及分支手套安装

1. 接地线安装的主要方法

这里，安装操作采用恒力弹簧固定。

（1）用恒力弹簧固定。

（2）焊接。

◎ 用砂带打磨钢带铠装外露部位，去除其表面防锈漆或氧化层。

◎ 内护套断口以上20mm范围内的铜屏蔽用砂带砂光，去除其表面氧化膜。

◎ 用恒力弹簧将一根铜编织带固定在铠装上。

注意事项：

　　在安装铜编织带时，编织带反向用恒力弹簧压一圈后，折回再用恒力弹簧固定，这样可防止在后续终端安装操作时，不小心将铜编织带拉脱。

◎ 在铠装处绕包三层PVC带绝缘。

◎ 在铜屏蔽根部打磨处缠绕第二根铜编织带。

◎ 用恒力弹簧固定，并向下引出。

注意事项：

接地铜编织带安装时，应与钢带铠装和铜屏蔽接触良好，恒力弹簧固定紧实，防止电缆运行时该处放电。

◎ 用PVC带缠绕并覆盖铜屏蔽处的恒力弹簧。

◎ 两根接地铜编织带应相互错开彼此绝缘隔离。

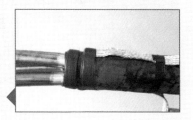

◎ 两根铜编织带位于外护套断口附近约30mm范围内用焊锡进行渗锡处理，防止水分从铜编织带进入终端内。

以下对接地铜编织带焊接方法稍作介绍

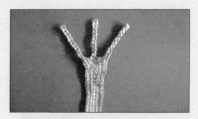

◎ 首先，焊接前同样对铜屏蔽、钢带铠装用砂带砂光。

◎ 铜屏蔽接地编织带焊接前，先将其均分为三等份。

◎ 在铜屏蔽的焊接位置上涂焊锡膏，并用焊锡打底。

◎ 将铜编织线的三股分支分别牢固地焊接三相线芯的铜屏蔽上，特别是其铜线头必须焊牢。

◎ 同样在钢带铠装焊接位置也涂上焊锡膏并用焊锡打底。

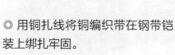

◎ 用铜扎线将铜编织带在钢带铠装上绑扎牢固。

◎ 再用焊锡把铜编织带和铜丝同钢带铠装焊结实特别是铜编织带头和铜丝头要焊牢。

◎ 同样，分别将铜屏蔽、铠装焊接部位用PVC带绕包并相互绝缘。

注意事项：

（1）所有焊点应饱满，表面光滑无尖刺。

（2）焊接完成后应将助焊剂擦拭干净，因助焊剂有腐蚀性。

2. 安装分支手套

◎ 由外护套端口至恒力弹簧处，绕包三层防水带，并在其外用PVC带覆盖。

◎ 将分支手套套入电缆三相线芯上。分支手套则尽量套至电缆三相线芯根部。

◎ 分支手套收缩顺序：先收缩指套部分，后收缩主体部分。

指套部分　主体部分

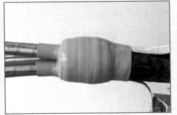

◎ 沿逆时针方向均匀抽掉衬管条，使其收缩。

注意事项：

　　衬管条抽出时，不应用力过猛，如有卡住现象应理清衬管条后，再行抽拉，以免衬管条拉断。

◎ 并在外护套封口处用防水胶带和 PVC 带密封。

注意事项：

（1）绕包防水带时，在保证分支手套能套入，衬管条能抽出的前提下，绕包后外径尽可能大点，使得分支手套收缩后内部紧实。

注意事项：

（2）在包防水胶带前，应用砂带将外护套断口一圈砂光，并在接地编织带的上下面各包一层防水胶条防止水分从接地编织线侵入。

（五）延长管安装

◎ 将延长管分别套入电缆三根线芯，衬管条抽出的一端朝向线芯端部。

◎ 将延长管与分支手套的分支部分充分搭接后，再进行收缩。

◎ 衬管条应沿逆时针方向均匀抽出。

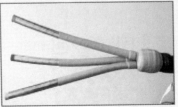

注意事项：

（1）衬管条抽出时，不应用力过猛，如有卡住现象，应先理清后再行抽拉，以免拉断衬管条。

（2）户内终端安装时，应分清延长管和户内终端，不得混淆。用同样方法安装另外两根延长管。

（六）剥除铜屏蔽及外屏蔽层

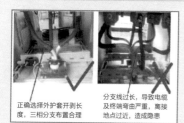

正确选择外护套开剥长度，三相分支布置合理

分支线过长，导致电缆及终端弯曲严重，离接地点过近，造成隐患

◎ 电缆终端搭接注意事项：保证其在图纸安装范围内。

◎ 根据电缆现场安装位置，确定电缆三相长度。

◎ 切除后断面平直。

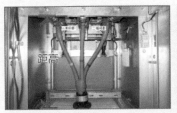

距高

注意事项：

（1）对于大截面电缆在开关柜内安装时，应对柜内其三相搭接位置、三相间距及安装高度进行确认和测量，作为电缆三相线芯确认保留长度时的参考依据。

（2）对于户内终端要保证整个电缆终端置于设备底板之上。

（1）剥除铜屏蔽。

◎ 根据图纸要求，量取终端安装长度，如果电缆延长管以上尺寸不够时可切除相应长度的延长管，以满足终端安装需要。

注意事项：

切短时，先环切再纵切。

◎ 量取铜屏蔽的保留长度，用PVC绕包做好标记。

◎ 沿标记的边缘，用美工刀划出一浅痕后，沿其边缘将铜屏蔽撕下，用同样的方法处理另外两相。

注意事项：

　　用美工刀在铜屏蔽上划痕时，不可划透伤及外屏蔽和绝缘层。

（2）剥除电缆外屏蔽。

◎ 外屏蔽为可剥离型，按要求保留外屏蔽的长度，并在外屏蔽断口处做好标记。

◎ 先用刀具沿标记边缘划一浅痕，再从标记边缘向线芯端部纵向划三道浅痕。

注意事项：

（1）用刀具划外屏蔽表面时，应掌握好入刀深度，不可将外屏蔽划透伤及绝缘层。

（2）操作人员对此步骤在平时应多加练习，入刀深度掌握的好坏直接影响到安装的质量。

◎ 用钢丝钳先将线芯端部的外屏蔽剥开，再沿纵向的刀痕向外屏蔽断口处撕下。

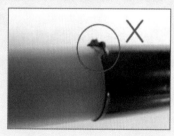

◎ 在外屏蔽断口处应沿环切刀痕横向撕开。

注意事项：

断口处，外屏蔽应横向慢慢撕开，防止过头，引起断口处外屏蔽脱开。

注意事项:

检查绝缘表面,用玻璃刮除残留在绝缘表面的半导电粒子。

◎ 将外屏蔽断口倒角处理,长度2~5mm。

外屏蔽为不可剥离型时,应用玻璃片将外屏蔽刮除,断口处刮一斜坡,断口要整齐,绝缘表面不留半导电粒子,表面要求光滑。

(七)剥出线芯导体

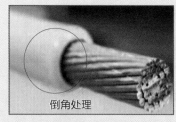

倒角处理

◎ 按图纸要求剥出线芯导体，并将绝缘端部做45° 倒角。

　　一般线芯导体长度为接线端子压接管深度加5mm。

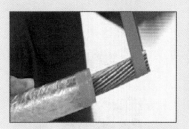

◎ 用砂带打磨导体表面，防止有内屏蔽粒子残留，影响其接触电阻。

注意事项：

　　导体打磨前应将电缆绝缘部位用保鲜膜密封，完成后应对电缆绝缘部位做彻底的清洁，防止铜末吸附。

◎ 导体倒角清洁后，用PVC带将导体临时包好，以免伤及人身及配件。

（八）绝缘表面打磨处理及质量检查

（1）外屏蔽断口打磨处理。

绝缘表面　外屏蔽断口

◎ 打磨顺序：先外屏蔽断口，再绝缘表面。

◎ 打磨外屏蔽断口前，绝缘表面应用PVC带保护，防止半导电粒子吸附到绝缘表面。

◎ 用320号砂带抛光打磨，使外屏蔽断口平滑过渡。

（2）绝缘表面打磨处理。

◎ 绝缘表面打磨前应用清洁剂将绝缘表面半导电颗粒擦拭干净，并将外屏蔽层用PVC带包裹，防止打磨过程中砂带接触到外屏蔽。

◎ 如果绝缘表面的刀痕和刮痕不明显时，可用320号砂带直接打磨抛光。否则应先用240号砂带打磨至绝缘表面的刀痕和刮痕完全消失后再用不小于320号砂带打磨抛光。

注意事项：

（1）打磨过外屏蔽的砂纸不得在绝缘表面上使用。

（2）打磨时，不能只打磨一边，应多方向均匀打磨，防止电缆绝缘偏心。

（3）电缆的绝缘外径应满足安装要求。

（3）绝缘表面质量检查。

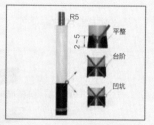

◎ 绝缘表面打磨完成后，绝缘表面应无杂质，光滑程度满足安装要求，轴向平滑过渡，并且要求没有凸起，梯状和凹陷。

◎ 各个部位的剥切长度符合图纸要求。

注意事项：

　　清洁时只允许从绝缘端向外屏蔽层，不得反复擦拭，以免将半导电粒子带到绝缘表面上。

◎ 绝缘表面清洁后用热风枪干燥。

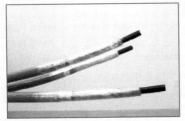

◎ 用保鲜膜密封备用。

（九）压接接线端子

◎ 压接前先将接线端子头部和终端内衬管作以比较。

如大于管子内径，接线端子应在终端安装后再行压接，小于管子内径可先进压接。

这里，以接线端子先压操作为例。

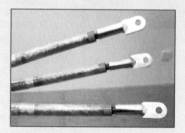

◎ 在导体上插入接线端子。

注意事项：

（1）接线端子压接时，接线端子搭接平面应满足与设备连接需要，防止压接方向错位给电缆与设备连接造成困难。

（2）压接顺序为由上向下压接，压接长度满足安装要求。

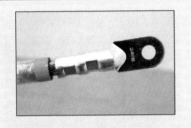

注意事项：

（3）压接前，检查手动压钳的工作状况及压模的型号，压接时只能单人操作，如多人按压会造成压钳损坏。

（4）压接后，管子表面应光滑无毛刺、裂缝，如需打磨时，应将电缆绝缘密封，防止铜末吸附，完成后应将接线端子及电缆擦拭干净。

◎ 接线端子压接后，并在端子与绝缘的间隙处用防水胶带填充。

（十）冷缩终端安装

延长管端口

◎ 按图纸要求绕包两层半导电带，将铜屏蔽与外屏蔽之间的台阶盖住。并在延长管表面做好终端安装的限位标记。

本次安装以延长管端口为限。

◎ 由线芯端部向外屏蔽将电缆绝缘层表面擦拭干净，并用热风枪干燥。

◎ 在绝缘层表面均匀涂上一层硅脂，涂抹时应戴干净的塑料或橡胶手套。

提示：
　　硅脂的作用为润滑界面，以便于安装，同时填充界面的气隙，消除电晕。

◎ 将冷缩终端预制件套入至延长管端口，其尾部紧贴绝缘管端口。

注意事项：
　　安装时，终端预制件尾部应紧贴限位标记，不得移位，如终端安装位置错误，将引起其内部应力管位置错位，影响应力管的作用，对电缆正常运行造成危害。

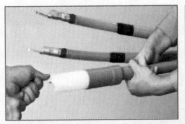

◎ 沿逆时针方向均匀抽掉衬管条，使终端收缩。
收缩到位后，用清洁纸抹净挤出的硅油。

◎ 分别在终端与接线端子搭接部位、终端与延长管连接处各绕包两层
防水带及相色PVC带，进行密封处理。

注意事项：

衬管条抽出时，不应用力过猛，如有卡住现象，应理清后再行抽拉，以免拉断衬管条。

提示：

在安装非冷缩的预制式终端时，在将终端推入到电缆本体过程中，终端的前部端口应始终用手堵住，不得漏气，否则会对安装造成困难。通常预制式附件过盈量在2~5mm（即电缆绝缘外径要大于电缆附件的内孔直径2~5mm），给安装造成一定的难度，目前冷缩型预制式附件很好地解决了这一难题，但在安装前应仔细核对产品的保质期，严禁超期使用。

（十一）扫尾工作

（1）将接地铜编织线与接地网连接好。

（2）安装标识牌。

（3）安装质量验收，整理安装记录单。

（4）工器具整理并打扫现场。